AF308726

DIRECTEUR

GUSTAVE PHILIPPON
Docteur ès sciences.

LES
PLANTES VÉNÉNEUSES

PAR

LOUIS DUCLOS

Préparateur à la Faculté de médecine de Paris.

LES

PLANTES VÉNÉNEUSES [1]

Par LOUIS DUCLOS

Préparateur à la Faculté de médecine de Paris

De tout temps, l'homme s'est occupé de défendre son existence contre les ennemis nombreux qui l'entourent. Tout d'abord il réunit tous ses efforts pour combattre les animaux sauvages ou nuisibles auxquels il lui fallut disputer le terrain pied à pied, mais il constata bientôt la présence à ses côtés d'ennemis plus nombreux, d'autant plus terribles qu'il avait moins appris à s'en défier. Je veux parler des *plantes vénéneuses*. Ces végétaux sont, en effet, d'autant plus redoutables que rien ne décèle ordinairement à l'extérieur leurs propriétés toxiques; ni leur couleur, ni leur odeur, ni leur saveur, ni leur port ne présentent rien de spécial : certains champignons vénéneux ont l'odeur et la saveur fort agréables ; de plus, la ressemblance des plantes dangereuses avec d'autres végétaux voisins comestibles est parfois presque absolue : chaque jour il arrive que la ciguë soit confondue avec le persil ou le cerfeuil.

En somme, pour éviter des accidents redoutables, il n'y a qu'un moyen, c'est d'apprendre à les connaître par leurs caractères botaniques; c'est surtout de les voir et de les com-

---

1. Nous ne donnons ici du développement qu'à l'histoire des plantes indigènes ou importées. Les champignons ne sont également pas compris parmi les plantes vénéneuses dont il est fait mention dans ce travail.

parer entre elles. Cette étude est d'autant plus intéressante que ces plantes sont pour la plupart employées comme médicaments et souvent plus précieuse à cet égard si elles sont plus toniques. Chaque jour, d'ailleurs, de nouveaux travaux, mettant en lumière leurs propriétés, en font entrer de nouvelles dans notre pharmacopée. Leur action peut être attribuée tantôt à des alcaloïdes, tantôt à des glucosides [1], d'autres fois à des résines ou à des essences.

Le nombre des plantes vénéneuses est extrêmement considérable et leur nomenclature seule exigerait des volumes. Aussi me bornerai-je, dans ce court aperçu, tout en suivant l'ordre botanique, à signaler les plus toxiques d'entre elles, m'attachant surtout à décrire celles qui habitent notre pays; après avoir indiqué leur action sur l'organisme et énuméré leurs principes actifs. je montrerai comme corollaire leurs propriétés et leurs usages thérapeutiques.

Le lecteur a certainement remarqué dans les prés ces *boutons d'or* dont les enfants font avec les pâquerettes des bouquets champêtres. Ce sont des plantes appartenant à la famille des RENONCULACÉES et possédant d'ordinaire une corolle d'un beau jaune d'or (*Ranunculus acris, R. bulbosus, R. repens, R. ficaria*, etc.) Les bestiaux se gardent bien de s'en nourrir, car ce sont des plantes éminemment toxiques qui, lorsqu'elles sont appliquées à l'état de pulpe sur la peau, produisent de la rougeur, des phlyctènes et des ulcérations.

Puis, nous devons citer d'autres renonculacées très voisines de la précédente : l'*ellébore noir* (*Elleborus niger*), très cultivé dans les jardins de l'est et du sud de l'Europe, à grandes fleurs blanches apparaissant en plein hiver, à feuilles

---

1. Les glucosides sont des substances chimiques retirées des végétaux et ayant la propriété de se décomposer en glucose et autres principes, sous l'action des ferments, des acides ou des alcalis. On nomme alcaloïdes des corps azotés, extraits des végétaux et formant des sels en présence des acides.

Les essences, appelées encore huiles volatiles, sont des composés chimiques, obtenus le plus souvent par la distillation de plantes avec l'eau, d'odeur pénétrante et très volatils.

On appelle résines des produits découlant naturellement ou obtenus par incisions des écorces ou des fruits de beaucoup de végétaux ; elles sont un mélange de plusieurs essences et de corps solides, dont la colophane représente un type.

vertes découpées en sept segments ovales ; sa tige souterraine était jadis employée contre la folie et surtout comme purgatif, ainsi que le prouvent ces deux vers de Lafontaine :

Ma commère il faut vous purger
Avec quatre grains d'Ellébore

A haute dose, elle détermine des vomissements, de la diarrhée, des vertiges, des paralysies, et amène la mort par arrêt du cœur. Cette action est due à un glucoside, l'*elléboréine*, qu'elle renferme en abondance.

Les anciens faisaient grand cas de la racine d'ellébore contre la folie. Hippocrate la regardait comme le remède par excellence contre cette affection. Les historiens et les poètes ont célébré de tout temps les cures merveilleuses opérées par l'elléborisme dans la ville d'Anticyra que détruisit Philippe, dans la mer Egée.

L'*aconit* (*Delphinium napellus*) est aussi une renonculacée très vénéneuse ; la fleur est bleue ou blanche, très irrégulière, présentant la forme d'un casque ou d'un bonnet phrygien ; la feuille présente l'aspect d'une main étalée et appartient au type palmatiséqué. Toutes les parties de cette plante sont riches en alcaloïdes dont le principal est l'*aconitine*. Ce dernier se comporte comme un poison du système nerveux et paraît agir comme le curare en paralysant les plaques terminales des nerfs dans les muscles. De faibles doses déterminent de la salivation, de l'engourdissement de la peau, des vertiges, des troubles de la vue et de l'ouïe ; des doses élevées amènent de la somnolence, l'affaiblissement de l'énergie musculaire, le ralentissement, puis la cessation des battements cardiaques et des mouvements respiratoires, la dilatation de la pupille et la paralysie musculaire ; la mort arrive dans le coma[1], produite par l'asphyxie.

On emploie l'aconit en thérapeutique comme antinévralgique dans les névralgies, les spasmes nerveux, l'asthme, la coqueluche ; comme décongestionnant dans la pneumonie, la pleurésie, la scarlatine, la rougeole, et surtout contre l'enrouement des chanteurs. Les meilleures préparations sont

---

1. Le coma est un assoupissement profond, un sommeil excessif, précédant la terminaison de maladies graves.

l'alcoolature de racines fraîches (5 à 20 gouttes) et surtout le nitrate d'aconitine (1/4 à 2 milligrammes).

Selon les poètes, l'aconit naquit de l'écume de Cerbère, alors qu'Hercule lui étreignait la gorge en l'arrachant des enfers :

> Et du suc infernal de ce venin livide
> Germa de l'aconit la semence homicide,

dit Saint-Ange.

L'aconit était le principal ingrédient des poisons préparés par Médée, et c'est dans son suc que les Gaulois et les Germains trempaient leurs flèches pour les empoisonner.

A côté de cette plante, il nous faut citer la *staphisaigre* (*Delphinium staphisagria*), originaire de la Méditerranée, cultivée à Nîmes et en Italie; la fleur violette ou lilas offre en arrière un éperon légèrement bifide. Les semences ne sont guère employées qu'à l'extérieur, comme parasiticides, contre les poux, les punaises, la gale, la teigne, etc.

La *clématite* (*Clematis vitalba*) est une renonculacée grimpante à feuilles opposées, découpées en cinq folioles cordiformes; prise à l'état frais, elle détermine une purgation violente; à dose élevée, elle est éminemment toxique. Ses feuilles vertes écrasées et déposées sur la peau y produisent de la rubéfaction, de la vésication et même des eschares superficielles; les mendiants s'en servaient, dit-on, autrefois pour déterminer sur leur corps la production d'ulcères passagers destinés à attirer la commisération : de là vient son nom vulgaire d'*herbe aux gueux*.

Dioscoride, médecin grec qui vivait au r[er] siècle, préconisait cette plante contre la lèpre et contre la gale. Il est à regretter que les médecins aient laissé tomber dans l'oubli une plante aussi énergique, et qui, bien étudiée dans ses effets, peut être d'un grand secours pour la thérapeuthique.

La famille des Rosacées, quoique composée de plantes à propriétés peu actives, riches surtout en tannin et en mucilage, présente aussi quelques végétaux vénéneux dans quelques-unes de leurs parties. Il faut citer surtout parmi eux ceux qui sont susceptibles de donner naissance à un produit très dangereux, l'*acide cyanhydrique* : tels les *amandiers* et les *lauriers-cerises*.

Les *amandes amères* sont les graines du *pruniers amyg-*

dalus, variété *amara*. Plus petites que les amandes douces, elles ont une saveur amère et une odeur caractéristique qui se dégage lorsqu'on les écrase au contact de l'eau. Elles renferment dans leurs tissus, outre de l'huile, un glucoside particulier, l'*amygdaline*, et un ferment analogue au ferment salivaire, l'*émulsine*. Ces deux principes sont absolument séparés dans la graine intacte ; mais lorsqu'on broie cette graine au contact de l'eau, l'émulsine décompose l'amygdaline et donne naissance entre autres produits à l'acide cyanhydrique. C'est en suspendant l'oxygénation des globules sanguins et en déterminant une sorte d'asphyxie générale qu'agit l'acide prussique ; son action est en somme fort analogue à celle de l'oxyde de carbone. On prescrit en médecine l'émulsion d'amandes amères comme calmant dans la toux quinteuse, la coqueluche, la grippe, etc ; dans l'industrie on en extrait de l'huile d'amandes douces ; dans la parfumerie on fabrique avec elles la pâte d'amandes qui est vénéneuse.

Jouissent des mêmes propriétés les graines des *cerisiers*, des *pruniers*, des *abricotiers*, des *pêchers*, des *merisiers*, des *poiriers*, des *pommiers*, des *sorbiers*, etc.

Il en est de même des feuilles ovales et luisantes du *laurier-cerise* (*Prunus lauro-cerasus*), arbuste si cultivé dans toute l'Europe tempérée. Elles donnent à la distillation une *eau de laurier-cerise*, très analogue à l'essence d'amandes amères et renfermant comme elle de l'acide cyanhydrique.

La famille des Légumineuses est comme celle des rosacées, fort pauvre en plantes vénéneuses. Celles qui habitent nos pays sont alimentaires ou fourragères (pois, haricots, fèves, lentilles, gesses, trèfle, sainfoin, etc.) ; certains types exotiques nous donnent aussi des produits utiles, tels que la gomme arabique, le cachou, le moussena, les sénés, le tamarin, la casse, la gomme, le baume de copahu, la gomme adragante, la réglisse, les baumes du Pérou et de Tolu, etc. On trouve pourtant à côté de ces légumineuses utiles une plante extrêmement dangereuse, la *fève de Calabar* (*Physostigma venenosum*). C'est une petite liane qui peut atteindre une vingtaine de mètres de hauteur et dont la fleur ne diffère de celle du haricot commun que par l'expansion lamellaire qui termine le style ; ses feuilles sont composées de trois folioles et ses graines, en forme de gros haricots, sont brunes, légèrement arquées. Cette plante habite le golfe de Guinée, au niveau de l'embouchure du Niger. Les graines, qui ne sont autres que les fèves de Calabar, renferment trois alcaloïdes toxiques : l'*ésérine*, la *physostigmine* et la *calabarine;* elles servent de poisons d'épreuve aux nègres de ces pays. Les *poisons d'épreuve*, fort en usage sur la côte occidentale de l'Afrique et aussi dans certaines contrées sauvages de l'Amérique du Sud s'appellent au Congo et au Gabon les *M'Boundou.* Ce sont, selon les régions, des plantes différentes, également vénéneuses ; la fève de Calabar est une des moins employées. On s'adresse surtout à une strychnée, le *Strychnos Icaja*, dont on emploie l'écorce de la racine en décoction. L'accusé boit la coupe qui lui est présentée par le grand féticheur et, sur un signal de celui-ci, doit s'avancer jusqu'à une certaine distance fixée par un pieu ou un tronc d'arbre ; si le malheureux, à bout de forces, tombe avant d'avoir atteint le but, il est déclaré coupable et mis en pièces aussitôt ; s'il persiste jusqu'au bout, ce qui tient à l'accoutumance et à la quantité de poison absorbée, il est déclaré innocent et son accusateur mis à mort. Le féticheur prépare lui-même le poison et peut en boire impunément. Il existe d'ailleurs des contrepoisons que les nègres disent très efficaces [1].

La fève de Calabar, employée comme les m'boundou, est extrèmemement toxique et porte son action sur les centres nerveux. C'est surtout pour provoquer la contraction de l'iris qu'on emploie aujourd'hui la fève de Calabar en thérapeutique dans certaines dilatations pupillaires, notamment celles qui sont d'origine traumatique [2], dans la presbytie, dans le glaucome [3], et on donne la préférence pour cet usage à la solution de sulfate d'ésérine qu'on instille en gouttes sur la conjonctive.

Il est bien d'autres légumineuses exotiques vénéneuses,

---

1. Pour plus de détails, voir l'article sur les *poisons d'épreuve* publié dans le *Magasin Pittoresque* (15 juillet 1894), par le Dr *Meurisse.*
2. Un traumatisme est l'état dans lequel une blessure grave jette l'organisme.
3. Le glaucome est la maladie de l'œil, qui consiste en un grand affaiblissement de la vue, élargissement et déformation de la pupille, avec couleur verdâtre du fond de l'œil.

mais comme elles sont fort peu connues et nullement employées, nous les passerons sous silence.

Dans la petite famille des MÉNISPERMACÉES qui ne comprend que des plantes tropicales, il nous faut citer la *coque du Levant*, fruit de l'*anamirta cocculus*, grande liane originaire de l'Inde, de Ceylan, des îles Malaises, etc. Ce fruit est multiple et formé de trois à six petites cerises courtement pédonculées ; il contient un alcaloïde très actif, la *picrotoxine*. Celle-ci détermine des vomissements, de la stupeur, quelquefois des convulsions, et finalement la paralysie de tous les muscles, y compris le cœur ; cette paralysie est tellement soudaine que la posture du corps est exactement conservées aussi Gubler la qualifiait-il de *catalepsiante*. Elle n'est guère employée chez nous que pour empoisonner les rivières, mode de pêche très usité aux Indes, sévèrement puni dans nos pays.

En suivant toujours l'ordre botanique, nous arrivons à une plante extrèmement utile, très vénéneuse, la plus employée peut-être de notre pharmacopée, le *pavot somnifère* (*Papaver somniferum album*), le végétal qui nous fournit l'*opium*.

Le pouvoir du suc du pavot était connu de toute antiquité. Dans la mythologie grecque, Hypnos, le dieu du sommeil, a la tête couronnée de pavots ou en tient dans la main.

Le pavot, dans le langage des fleurs, est l'emblème de la langueur, sans doute à cause de ses qualités somnifères. On comprend moins, dans l'étrange pratique dans laquelle les fleurs servent de dictionnaire mystérieux, pourquoi le pavot blanc symbolise le soupçon.

Cette petite plante, qui appartient à la famille des PAPAVÉRACÉES, habite surtout les régions voisines de la Méditerranée. Cultivée en France, aux environs d'Amiens et en Auvergne, elle est exploitée surtout en Asie Mineure, en Égypte, en Perse, dans l'Inde et dans la Chine. Le papaver somniferum album, qui fournit à lui seul tout l'opium employé actuellement, présente plusieurs variétés, suivant la forme de son fruit. C'est une plante annuelle, à feuilles alternes glauques, dentées inégalement, à fleurs rouges, à fruit sec (capsule de pavot), laissant échapper les graines nombreuses (graines d'œillette) par des ouvertures s'effectuant à sa partie supérieure au moment de la maturité. L'opium s'extrait des capsules fraîches par des incisions superficielles, spiralées ou rectilignes, pratiquées au moyen de couteaux à trois ou quatre lames. Par ces solutions de continuité s'échappe le suc propre sous forme de larmes qui se concrètent et s'agglutinent à la surface du fruit : c'est l'opium. Ce suc propre est localisé, au sein de l'enveloppe capsulaire, dans des canaux anastomosés entre eux sous forme de riches réseaux.

Le meilleur opium est celui qui nous vient de Smyrne ; il en arrive d'Egypte, de Perse, de Turquie, de l'Inde , l'opium de Chine est entièrement consommé dans ce pays. En France, on a fait des essais de culture du pavot et obtenu d'excellent opium indigène ou *affium* (M. Aubergier, en Auvergne) ; mais la main-d'œuvre est si élevée dans nos pays que cette industrie n'a pu s'établir définitivement chez nous.

L'opium doit ses propriétés à un grand nombre d'alcaloïdes (17 environ), souvent employés isolément, et dont les principaux sont la *morphine*, la *codéine*, la *thébaïne*, la *narcéine*, la *narcotine*, etc. A faibles doses, il détermine au début une légère surexcitation, puis un sommeil profond, souvent mêlé de rêves ; au réveil, il existe de la lourdeur de tête, de la sécheresse de la gorge, de l'inappétence, de la constipation. A doses élevées, la mort arrive dans le coma après quelques convulsions suivies de la disparition de la sensibilité. Un effet important à noter est la diminution considérable des sécrétions intestinales : cette propriété est journellement mise à profit pour combattre la diarrhée.

L'homme s'habitue rapidement à ce poison, s'il en fait un usage constant ; mais alors apparaissent les symptômes d'une intoxication chronique ; on peut observer ces derniers chez les morphinomanes, les fumeurs et mangeurs d'opium. L'appétit disparaît, le sommeil n'est plus possible que grâce au poison ; la cachexie[1] et bientôt la mort survient au milieu de l'abrutissement le plus complet. La suppression brusque de l'usage de l'opium amène d'ailleurs des accidents parfois mortels et ce n'est qu'en réduisant progressivement

---

1. La cachexie exprime une altération profonde de l'organisme, observée à la dernière période de certaines affections et caractérisée, par la confissure, le teint plombé et la diminution de l'activité des tissus.

les doses qu'on arrive à soustraire ces malheureux à leur funeste passion.

L'opium s'élimine assez rapidement par les reins ; mais si, par suite d'un état pathologique des organes, la fonction urinaire s'accomplit d'une façon défectueuse, il s'accumule dans l'organisme et peut à des doses faibles, mais répétées, déterminer des empoisonnements imprévus. De là, la nécessité de ne l'administrer qu'avec prudence aux personnes dont les reins fonctionnent mal ou dans le cas d'affections qui retentissent sur les reins : scarlatine, fièvre typhoïde, etc.

L'opium est un des médicaments les plus employés de la matière médicale. On utilise son action sur les sécrétions dans la diarrhée, la bronchorrhée, etc., ses propriétés analgésiques [1] et soporifiques contre toutes les douleurs, contre les insomnies, etc., son action congestionnante dans l'anémie cérébrale.

On le prescrit sous forme de poudre d'opium ou d'extrait aqueux d'opium (extrait thébaïque) ou sous forme de préparations multiples : sirop thébaïque, sirop diacode, laudanum de Sydenham ou de Rousseau, élixir parégorique, poudre de Dower, pilules de Cynoglosse, diascordium, thériaque, etc.

De tous les *alcaloïdes* de l'opium, la morphine est le plus employé, sous forme de sirop de morphine à l'intérieur ou d'injections sous-cutanées de chlorhydrate de morphine ; la codéine donne ses propriétés à des sirops calmants, etc.

Les capsules de pavot sont aussi très employées sous forme de décoctions et doivent leur action calmante à la faible proportion d'opium qu'elles contiennent ; enfin, les semences de pavot noir et surtout celles de pavot blanc servent à préparer l'huile d'œillette.

Dans la même famille des papavéracées, la *chélidoine* (*Chelidonium majus*) peut aussi être considérée comme une plante vénéneuse. C'est une mauvaise herbe de nos pays, à fleurs de couleur jaune d'or, à feuilles très découpées laissant échapper, ainsi que la tige, d'ailleurs, un suc jaune quand on les brise Ce suc est âcre, irritant, et peut même déterminer

---

1. Les analgésiques sont des médicaments qui calment la douleur par action sur le système nerveux. La bronchorrhée, dite encore pituite, est l'évacuation d'une grande quantité d'un liquide filant et incolore provenant de la sécrétion de la membrane interne des bronches.

la formation d'escharres ; on l'emploie dans les campagnes pour détruire les verrues.

On trouve dans toute l'Europe méridionale, en Asie Mineure, dans l'Inde et jusqu'en Amérique, une herbe vivace vénéneuse, appartenant à la famille des Rutacées, la *Rue Ruta graveolens*). Cette plante présente souvent l'apparence d'un sous-arbrisseau ; ses feuilles sont alternes, très découpées, riches en glandes à essence faciles à observer par transparence ; ses fleurs sont jaunes ; son fruit est sec, formé de quatre à cinq capsules jaunâtres. Toutes les parties de ce végétal sont riches en huile essentielle et renferment en outre un glucoside particulier, la *rutine*. L'infusion des feuilles sèches, prise à l'intérieur, irrite la muqueuse digestive sur toute son étendue et porte son action spécialement sur le système nerveux ; à haute dose, elle détermine de l'embarras gastrique, une tuméfaction considérable de la langue, de la stupeur, du tremblement musculaire et, enfin, la mort dans le coma.

Cette plante est employée en thérapeutique pour provoquer l'excitation de certains muscles soustraits à la volonté, pour arrêter les hémorrhagies ; à l'extérieur on s'en sert pour détruire les verrues et comme parasiticide.

La rue a été l'un des médicaments les plus vantés des anciens. Les médecins grecs l'appelaient *pèganon. oreinon.* Posséder la rue était se mettre à l'abri de toutes les maladies et de toutes les entreprises mauvaises. Cette plante a été un condiment en vogue chez les Romains. Pline nous apprend que Cornélius Céthégus, élevé au consulat, fit faire largesse au peuple de vin aromatisé avec la rue. Bodard raconte que les dames romaines mettaient de la rue dans leurs chausses et en portaient souvent à la main, comme préservatif des maladies contagieuses et pour exercer certains charmes mystérieux de suggestion. La rue jouit d'une grande réputation chez les Arabes, depuis Mahomet qui en faisait, paraît-il, grand usage contre toutes sortes d'indispositions.

La petite famille des Urticées ne renferme guère de plantes vénéneuses proprement dites, mais plutôt des végétaux remarquables par la présence sur leurs organes végétatifs de poils à essence dont la piqûre est irritante et produit une sensation douloureuse.

Il faut citer dans la petite famille des Linacées une plante qui, dans ces derniers temps, a pris en médecine une importance considérable, la *coca* (*Erythroxylon coca*). C'est un petit arbuste très rameux, cultivé dans le centre et dans le nord de l'Amérique méridionale, au Pérou, au Brésil. etc; ses fleurs sont d'un blanc jaunâtre, ses feuilles minces et coriaces sont ovoïdes, d'un vert brun, remarquables par la présence de chaque côté de la nervure médiane de deux lignes courtes atteignant le sommet et la base de la feuille. Ces feuilles, mâchées quelque temps, amènent l'insensibilité de la région bucco-pharyngienne ; les Indiens les emploient depuis longtemps pour faire disparaître les sensations de faim et de soif; à doses élevées, elles produisent une véritable ivresse et enfin une intoxication analogue à celle de l'opium. Leur principe actif est un alcaloïde, la *cocaïne*, qui, prise à l'intérieur, amène des convulsions, du délire et la mort à doses suffisamment élevées. Appliquée en solution sur la peau, elle provoque l'insensibilité des surfaces qu'elle recouvre ; cette action permet d'effectuer les opérations les plus douloureuses ; elle doit à ces mêmes propriétés son emploi dans la chirurgie oculaire et dentaire, dans le traitement des affections du larynx, de la fissure à l'anus et même de la gastralgie.

Nous arrivons ainsi à la grande famille des Euphorbiacées, spécialement riches en plantes purgatives et vénéneuses. Toutes laissent échapper quand on les brise un latex blanc, jaune ou incolore qui donne au végétal ses propriétés particulières. Les *Euphorbes* de nos pays, telles que les *Euphorbia helioscopia, Euph. cyparissias, Euph. sylvatica, Euph. lathyris,* sont riches en un suc propre blanchâtre, très irritant, purgatif violent, pouvant à haute dose déterminer des accidents; l'*Euphorbia resinifera,* abondante surtout au Maroc et dans toute la région de l'Atlas, donne aussi une résine dont l'effet se traduit à haute dose par des vomissements et une inflammation aiguë du tube digestif.

A côté de ces euphorbes, il faut signaler le Ricin (*Ricinus communis*), grande plante vivace originaire de l'Inde, aujourd'hui répandue dans presque toutes les régions tropicales et tempérées du globe. Ses feuilles sont palmées et largement découpées, son fruit est sec et contient ordinairement trois graines lisses brillantes, couvertes de marbrures de couleur brunâtre se détachant sur un fond jaune pâle. Ces graines contiennent une huile qui, à faible dose, est simplement purgative, mais provoque à doses élevées des accidents très graves ; superpurgation, ulcérations intestinales, suppression des urines, soif intense, convulsions et mort dans le coma.

Les semences de ricin sont connues depuis un temps très reculé. La Bible, Hérodote, Hippocrate, Dioscoride en font mention. Pline indique même une méthode pour en extraire l'huile. M. Callaud en a trouvé dans des sarcophages égyptiens. Mais c'est surtout comme huile à brûler que les anciens l'employaient. On appelle encore cette huile, huile de castor, soit à cause de la forme de la graine qui ressemble un peu à un castor assis, soit parce que cette huile venait autrefois abondamment du Canada, pays **des castors, et** qu'on en a attribué l'origine à ces animaux.

Les propriétés toxiques de hautes doses de l'huile de ricin s'accentuent encore dans les *grands pignons d'Inde* et surtout dans les *graines de croton*.

La *mercuriale* (*Mercuralis perennis*), mauvaise herbe de nos champs, possède une action analogue, quoique beaucoup moins violente.

Les qualités purgatives de la mercuriale étaient déjà connues du temps d'Hippocrate. On l'employait particulièrement dans l'hydropisie. Brassavole rapporte, que de son temps (1534), les habitants de Ferrare mangeaient de cette plante dans le potage ou sous forme de bouillie pour se purger. Toutefois il faut que cette herbe soit administrée à l'état frais ; la coction diminue en effet son activité, et, de purgative qu'elle était, elle devient par cette préparation simplement laxative. Il faut se garder de donner la mercuriale comme aliment aux vaches, car elle a la propriété de tarir la sécrétion du lait. Olivier de Serres signale un autre mauvais effet de la mercuriale. Il dit que dans les vignes où elle est abondante, elle donne une mauvaise odeur au vin.

Le *mancenillier* (*Hippomane mancinella*), arbuste à port de pommier commun sur les rivages sablonneux des Antilles, possède un fruit semblable à une petite pomme d'api, très appétissant, et dont les effets sont véritablement foudroyants. Cet arbre produit une telle terreur dans le pays que les nègres refusent de l'abattr , par crainte d' m poisonnement. On prétend même que le dormeur qui s'oublie à ses pieds ne se réveille pas, mais il est probable que cette réputation est fort exagérée. Ce n'en est pas moins une plante extrêmement dangereuse.

Beaucoup d'autres genres d'euphorbiacées exotiques sont considérés comme très vénéneux, mais comme leur action est peu connue, nous n'insisterons pas sur leur description.

L'importante famille des OMBELLIFÈRES, si riche en végétaux utiles dans l'alimentation, l'industrie et la médecine, présente un certain nombre d'espèces très vénéneuses, parmi lesquelles nous citerons et décrirons d'une façon spéciale la grande ciguë, la petite ciguë, les ciguës d'eau (œnanthe, phellandrie, ciguë vireuse), le thapsia.

La *grande ciguë* (*Conium maculatum*) est une plante herbacée, commune dans les décombres, les jardins mal tenus et auprès des habitations. Elle est répandue assez inégalement dans les régions tempérées de l'hémisphère boréal ; la tige est droite, haute de 1 à 2 mètres, et parsemée de taches inégales, souvent arrondies, d'un pourpre vineux ; les fleurs sont blanches et disposées en ombelles composées ; les feuilles sont alternes, très découpées, molles et luisantes La ciguë et son alcaloïde, la *cicutine*, agissent sur le système nerveux, paraissant exciter d'abord, puis détruire le pouvoir excito-moteur de la moelle épinière. Elle produit de la langueur, du vertige ; puis la destruction de la motilité et de la sensibilité ; les mouvements respiratoires s'accélèrent, des convulsions avec rigidité musculaire apparaissent ; puis viennent la paralysie, le refroidissement et la mort dans le coma. Les propriétés de la grande ciguë varient suivant le climat. Dans le nord de l'Europe, elles sont si peu énergiques que les gens de la campagne, au dire d'auteurs dignes de foi, les mangent sans inconvénient. Linné assure qu'en Suède tous les bestiaux s'en nourrissent et que les vaches en sont même très friandes. Mais ces propriétés deviennent de plus en plus énergiques à mesure qu'on s'avance vers les régions plus chaudes, au point qu'en Espagne, en Italie, en Grèce, la ciguë constitue **un poison violent.**

L'histoire **de la ciguë** remonte **à** la plus haute antiquité ; c'est avec son suc que l'on préparait le breuvage qui servit à donner la mort à tant de condamnés innocents ou coupables.

La plus célèbre victime, dont l'histoire fait mention, est
Socrate poursuivi par la haine d'Anytus. La relation e cette
scène nous est restée; après avoir absorbé le poison. ocrate
se promena; puis, sentant ses jambes devenir lourdes, il se
coucha sur le dos. Bientôt survinrent l'insensibilité au tou-
cher et le refroidissement s'étendant graduellement des extré-
mités inférieures jusqu'à la région du cœur Socrate prononça
encore quelques mots, puis, après une convulsion, son regard
resta fixe, ses yeux et sa bouche s'ouvrirent tout grands, il était
mort. Après le célèbre philosophe vint le tour de Théramène,
son disciple, l'un des trente tyrans qui gouvernaient Athènes.
Après avoir joué un rôle important comme général, magistrat
et orateur, il fut condamné à mort et but la ciguë, dit Cicéron,
comme s'il eût satisfait sa soif; puis présageant en quelque
sorte la mort de son accusateur, il dit en souriant : « Je passe
la coupe au beau Crétias. »

Ce n'est pas seulement en Grèce que la ciguë était
employée comme poison. Strabon nous apprend que les Espa-
gnols préparaient avec une herbe semblable au persil, et qui
n'est autre que la ciguë, un poison qu'ils avaient toujours
sous la main pour les moments critiques. A Marseille, d'après
Valère Maxime, on gardait dans un dépôt public un poison
composé avec la ciguë. On le donnait à quiconque justifiait
devant le conseil des Six-Cents des raisons qu'il avait de se
donner la mort. Le même auteur ajoute que cette coutume ne
lui paraît pas avoir pris naissance dans la Gaule, et il pense
qu'elle fut apportée dans la colonie grecque de Marseille par
les Phocéens. Cet usage, Valère Maxime le retrouva dans l'île
de Céos où les vieillards jugés inutiles à la patrie quittaient
ordinairement la vie en prenant du poison. On sait aussi que
Sénèque, trouvant que l'ouverture de ses veines ne le faisait
pas mourir assez promptement, but de la ciguë, mais en vain,
parce que le poison ne put avoir d'action sur son corps déjà
glacé. D'après Galien, une vieille femme de l'Attique était
parvenue, par l'habitude et par une gradation lente dans la
quantité, à manger impunément de la ciguë. Mithridate offre
un exemple bien plus célèbre de cette immunité acquise.

Toutefois l'empoisonnement par la ciguë étant accom-
pagné de douleurs très vives, on s'explique difficilement
les morts si calmes rapportées par les auteurs, à moins

d'admettre que le poison était mélangé à un narcotique, comme le pavot.

La ciguë a été dès la plus haute antiquité employée en médecine.

Actuellement, on prescrit la ciguë à l'extérieur en emplâres ou cataplasmes contre les engorgements lymphatiques ou inflammatoires; à l'intérieur on l'emploie contre le tétanos, l'épilepsie, l'asthme, les convulsions infantiles, etc.

La *petite ciguë* ou *Æthusa Cynapium* est une herbe annuelle, glabre, d'une odeur fétide, à tige verte ou teintée uniformément en certains points de pourpre foncé, ou verticalement striée de même couleur. Cette espèce croît abondamment dans les terrains incultes, les décombres, les jardins. C'est la plus vénéneuse des plantes confondues sous le nom de ciguës ; elle n'est pas employée comme médicament. Il importe surtout de la distinguer, comme la précédente, du persil et du cerfeuil. On s'est adressé, pour éviter cette confusion, à la forme des feuilles et de leurs divisions, à leur teinte, à celle des fleurs, etc. Mais ces différences sont fort difficiles à constater. Le meilleur procédé dans la pratique est d'avoir recours à l'odeur : on ne confondra jamais le parfum aromatique et si connu du cerfeuil et du persil avec la senteur fétide et vireuse de la grande ou de la petite ciguë.

La *ciguë vireuse* (*Cicuta virosa*) est une ombellifère aquatique de grande taille (0ᵐ,50 à 1ᵐ,50), à rhizome tubéreux et tronqué, s'enfonçant dans la vase des marais et chargé de racines adventives au niveau des nœuds. Les rameaux aériens présentent des feuilles alternes, grandes, à segments lancéolés, étroits, aigus, dentés; ses fleurs sont blanches, disposées en ombelles lâches, à rayons nombreux. Elle croît dans l'Europe du centre et du nord, en Sibérie, au Kamschatka et dans l'Amérique du nord. On ne la trouve pas en Grèce, ce qui prouve que cette ciguë n'est pas celle qui fit périr Socrate. A l'état frais, elle répand une odeur analogue à celle de l'ache, mais un peu plus piquante et plus nauséeuse. Sa saveur se rapproche de celle du persil. Outre le suc âcre, jaunâtre que son écorce contient, la ciguë vireuse fournirait à la distillation un principe volatil narcotique d'une odeur très désagréable. On a remarqué que cette plante communique aux eaux stagnantes dans lesquelles elle croît un liquide gras et huileux qui paraît très vénéneux.

La ciguë vireuse est plus délétère que la grande ciguë. Elle est toxique pour les bœufs ou les chiens qui boivent l'eau chargée du liquide huileux exhalé par sa tige. Boerhaave citait dans ses leçons l'histoire d'un jardinier qui éprouva des vertiges pour en avoir coupé une certaine quantité.

L'*œnanthe safranée* (*OEnanthe crocata*) est une ombellifère vivace qui croît dans l'ouest de la France, l'Anjou, la Bretagne, le Nord, dans les prairies aquatiques. Elle est rare dans les environs de Paris. Cette plante a de grosses racines fasciculées, tuberculeuses, des feuilles tripennées, des fleurs blanches et petites. La racine est très odorante, sa saveur est d'abord douceâtre, puis vireuse. Un suc lactescent s'écoule des différentes parties de ce végétal, quand on les coupe ; ce suc est riche en une résine, cause probable de l'ingestion de la plante. L'œnanthe est, en effet, l'un des poisons les plus dangereux pour l'homme et les animaux. Un morceau de la racine, de la grosseur d'une noisette, peut tuer dans l'espace d'une à deux heures. Il en est quelquefois de même des feuilles mangées en salade et prises pour celles de persil.

On a vanté néanmoins les effets du suc de cette plante contre la toux, la rétention d'urine et la lèpre.

La *phellandrie* (*OEnanthe phellandrium*) est aussi une ciguë aquatique commune dans les étangs, les marais, les fossés. Les bestiaux ne touchent point à cette plante tan qu'elle est verte : on dit cependant que les bœufs l'ont quel quefois mangée sans inconvénient.

Ses racines sont épaisses, articulées, blanchâtres, chargées aux articulations d'un très grand nombre de radicelles; ses tiges sont épaisses, fistuleuses, striées, hautes de 35 à 70 centimètres, portant des feuilles glabres, d'un beau vert, à folioles petites, obtuses, un peu ovales ; les graines ont une odeur forte, aromatique, désagréable : on en a retiré un liquide huileux, nauséabond, analogue à la conicine, la *phellandrine*.

La phellandrie est loin d'être aussi vénéneuse que la grande ciguë. On pense néanmoins que, mêlée par hasard au fourrage, elle peut déterminer chez les chevaux de graves paralysies. Cet effet annonce une action délétère très énergique sur le système nerveux.

La phellandrie a joui, au commencement de ce siècle, d'une grande réputation contre la phthisie. Elle ne guérit pas, dit Thomson, la phthisie bien confirmée, mais elle en arrête les symptômes principaux, la toux, l'expectoration, etc. Plini rapporte le cas d'une consomption pulmonaire parvenue au dernier degré et guérie par l'emploi des semences de cette plante ; la dose fut portée graduellement de un ou deux décigrammes jusqu'à six grammes, dans les vingt-quatre heures ; la fièvre se dissipa ainsi que la toux, l'expectoration et la diarrhée ; les fonctions se rétablirent et, en moins de deux mois et demi, le malade recouvra une santé parfaite.

Après les ciguës terrestres et aquatiques, il nous faut iter comme ombellifère dangereuse le *thapsia* (*Thapsia garganica*), plante abondante dans toute l'Afrique méditerranéenne, particulièrement dans l'ancienne Cyrénaïque, d où on la dit originaire. On la trouve, d'ailleurs, dans beaucoup d'autres régions riveraines de la Méditerranée, et jusque dans le midi de la France. Son nom lui vient de son abondance dans l'île de Thapsos. Elle possède une souche qui s'enfonce de 20 à 25 centimètres dans le sol, puis s'étend horizontalement, en émettant des ramifications de même importance qu'elle, de façon à couvrir un cercle de 1^m.40 de diamètre environ ; sa tige est dressée, cylindrique, fistuleuse ; ses feuilles sont composées, à cinq ou sept lobes profondément divisés en folioles lancéolées, luisantes ; ses fleurs sont petites, jaunes, disposées en ombelles très larges.

On récolte principalement le thapsia en Algérie, où il constitue une mauvaise herbe, très abondante, croissant au milieu des rochers, dans des terrains sablonneux et stériles qu'elle seule peut habiter. On la redoute pour les chameaux qui sont, paraît-il, très friands de ses feuilles ; au moment de la floraison, celles-ci sont chargées de résine et amènent souvent la mort des animaux qui les ont broutées. Il n'y a point, à proprement parler, d'exploitation régulière ; les marchandt arrivés dans un endroit où le thapsia est abondant, fons arracher par les indigènes les pieds les plus âgés : une bonne racine doit être âgée de sept ans au moins ; l'âge se reconnaît au nombre des collerettes laissées au-dessus du collet par la succession des axes aériens annuels. On ouvre une fosse autour du pied et la racine est extirpée tout entière ; on la coupe ensuite en rouleaux, que l'on décortique aussitôt sur place; il suffit de faire une incision longitudinale avec un couteau, ou même d'écraser simplement la racine entre deux pierres pour que l'écorce s'enlève d'elle-même et d'une seule pièce.

La racine fraîche laisse écouler à la moindre blessure un suc laiteux qui brunit rapidement à l'air ; pendant la décortication et surtout pendant le grattage des racines fraîches, les ouvriers qui en font la récolte sont exposés à divers accidents dus à la puissance révulsive du suc dont leurs doigts sont couverts : ce sont des inflammations des conjonctives, du gonflement des lèvres, de la langue, etc., accidents qui sont ordinairement de fort courte durée et sans gravité.

Le thapsia est un irritant violent qui, à l'intérieur, donne lieu à des troubles intestinaux graves. Il provoque sur la peau une rougeur intense, bientôt suivie de l'apparition de petites vésicules de même taille, irrégulièrement réparties, et dont le contenu devient rapidement louche et purulent. Leur dessiccation est prompte et s'accompagne de démangeaisons très vives, que l'on calme en partie par des applications d'huile d'olive, de cérat ou même de poudre d'amidon.

Le thapsia doit ses propriétés à une résine âcre, jaunâtre; faible dose, il agit comme un purgatif drastique et un excitant spécial très énergique. A l'extérieur, il amène une forte révulsion que l'on utilise dans le traitement des bronchites et même qui est employée pour la confection de l'emplâtre si connu. Les Arabes se servaient depuis longtemps de la racine de cette plante, qu'ils appellent communément Bou-Néfa (père de l'utile).

La grande famille des RUBIACÉES est beaucoup moins riche en plantes dangereuses que celle des ombellifères; néanmoins, nous ne pouvons passer sous silence dans cette famille les *ipécas*, qui, maniés avec imprudence, peuvent déterminer des accidents.

La poudre d'ipéca agit localement comme un irritant énergique que l'on a pu comparer à l'huile de croton : sur la peau dénudée, elle détermine une éruption vésiculeuse intense et sur les muqueuses, telles que la conjonctive, la muqueuse nasale, etc., une inflammation suivie de suppuration. Ingérée à doses massives dans l'estomac, elle détermine le vomissement; par propagation des contractions stomacales à l'intestin, on observe souvent à la suite une véritable purgation a la fois mécanique et sécrétrice, due à l'action irritante de 'ipéca sur *les* glandes intestinales.

Les doses faibles et répétées, délayées dans une forte quanité d'eau, ne déterminent plus d'irritation locale ni de vomissements; elles sont absorbées dans le courant circulatoire et ıe principe actif de l'ipéca se comporte sur les centres nerveux comme un *controstimulant*, paralysant les muscles des vaisseaux : de là l'action de l'ipéca sur les hémorrhagies (hémoptysie, dysenterie) qu'il tarit en diminuant le débit sanguin dans les vaisseaux resserrés.

Le principe actif de l'ipéca est un alcaloïde, *l'émétine*, sel incolore dont la proportion de la racine de la plante ne dépasse jamais un pour cent.

En thérapeutique, on peut employer l'ipéca à l'extérieur comme révulsif; mais on l'utilise surtout à l'intérieur pour déterminer le vomissement (1 gramme à 1^{gr}, 50); comme purgatif (1 à 4 grammes); comme antispasmodique et controstimulant dans l'asthme, la coqueluche, les convulsions, la pneumonie, la scarlatine, la fièvre typhoïde, l'embarras gastrique; comme expectorant dans la bronchite; comme antihémorrhagique dans les hémoptysies des tuberculeux, l'hématurie, l'entérorrhagie, l'épistaxis rebelle [1]. On l'a encore prescrit dans le traitement du choléra, du typhus, etc.

L'ipécacuanha (Pigaya, Poaya de mato des Brésiliens) fut ∼ignalé pour la première fois en 1648 par Pison et Marcgraff, parmi les plantes curieuses et utiles de l'Amérique du Sud. Un médecin français, Legras, l'introduisit en Europe, en 1672 : la drogue n'eut alors aucun succès. En 1686, Grenier, .lroguiste à Paris, en remit une certaine quantité à titre de curiosité au médecin rémois Ad. Helvétius; celui-ci expérimenta sur ses malades la drogue nouvelle qui eut bientôt une vogue immense. Helvétius tenait secrète l'origine de sa poudre merveilleuse, dont Louis XIV lui avait accordé par édit le monopole de la vente. Plus tard l'ipécacuanha ayant été pres-

---

1. Dans ces hémorrhagies, la présence du sang dans les crachats caractérise l'hémoptysie ; dans les urines l'hématurie ; l'entérorrhagie est l'écoulement de sang par l'intestin ; l'épistaxis par le nez.

crit avec succès au dauphin et à quelques grands personnages, le roi acheta 1.000 livres d'or le secret d'Helvétius et le livra au public en 1690.

Après les ombellifères et les rubiacées, une des familles les plus riches en plantes vénéneuses est certainement celle des Solanées. Il nous suffit, pour donner une idée de l'importance de cette famille au point de vue toxicologique, de citer la noix vomique, la fève de Saint-Ignace, l'écorce de fausse angusture, la morelle, la belladone, la stramoine, la jusquiame, le tabac, le piment de Cayenne, la mandragore, etc., et tant d'autres plantes dont les victimes ne se comptent plus.

La *noix vomique* [1] est la graine du *Strychnos nux vomica*, qui croît dans l'Inde orientale, la Cochinchine, les îles Néerlandaises, et l'Australie septentrionale.

Elle renferme trois alcaloïdes toxiques : *strychnine, brucine, igasurine*.

La strychnine est incolore, inodore, douée d'une amertume extrême qui se perçoit encore dans des solutions à 1/600,000. Lors de la découverte de cette substance, Pelletier et Caventou lui donnèrent le nom de *vauqueline*, mais l'Académie des sciences ne permit pas que le nom d'un poison aussi terrible fût emprunté à celui d'un savant renommé par l'aménité de son caractère et la douceur de ses mœurs. Pelletier et Caventou tirèrent le mot de strychnine du grec, *struchnao*, frapper brusquement.

La *fève de saint Ignace* est la graine du *strychnos ignatii* [1], arbuste grimpant de la Cochinchine et des îles Philippines.

Cette graine renferme beaucoup plus de strychnine que les noix vomiques ; aussi sert-elle surtout à l'extraction industrielle de cet alcaloïde. Leur action physiologique et leur emploi thérapeutique sont du reste les mêmes que pour la noix vomique. Elles entrent dans la préparation des *Gouttes amères de Baumé et des pilules apéritives de Martin-Damourette*.

La *belladone (atropa belladona)* est une solanée herbacée, vivace, qui croît spontanément dans l'Europe, l'Asie moyenne et occidentale, surtout dans les bois ; elle a été transportée

---

1. Les Jésuites, qui recommandèrent à son apparition cette drogue, comme une panacée universelle, la dédièrent à saint Ignace.

dans un grand nombre de pays tempérés, notamment aux États-Unis. Elle est cultivée dans nos jardins botaniques et parfois aussi en grand, dans les champs, pour l'usage médical.

Ses branches aériennes sont dressées, glabres, sauf dans le jeune âge où toutes les parties sont couvertes de poils courts, mous et légèrement glutineux; ses feuilles sont alternes, mais paraissent quelquefois opposées par suite d'entraînements; elles sont molles, herbacées, à l'arête ovale aiguë, atténuées inférieurement des deux côtés sur le sommet du pétiole, à nervures pennées, avec des nervures secondaires légèrement arquées, reliées entre elles par des veines anastomosées en réseaux; les fleurs sont solitaires, régulières, de couleur vineuse.

Les feuilles sont, avec la portion souterraine et les fruits, les parties les plus employées. Celles de seconde année sont, paraît-il, plus actives que celles de première année; les feuilles cueillies après la floraison seraient en outre plus riches en principes actifs que les feuilles récoltées avant cette époque, et supérieures même à cet égard à la racine. La belladone sauvage passe aussi pour plus active que la belladone cultivée.

Les feuilles sèches renferment environ 0,45 0/0 d'un alcaloïde particulier, l'*atropine*, substance cristalline incolore et amère.

La Belladone et son principe actif, l'atropine, sont des poisons redoutables; toutefois, cette toxicité varierait avec la place que l'animal occupe dans l'échelle zoologique et serait d'autant plus violente que l'appareil nerveux de l'individu est plus compliqué; une dose de 10 milligrammes est presque sûrement toxique pour l'espèce humaine, tandis que 50 centigrammes injectés à un lapin déterminent à peine la dilatation de la pupille. Les limaçons qui rongent souvent les feuilles de la belladone ont déterminé parfois des accidents chez l'homme et les animaux qui se nourrissent de leur chair. Du reste, certains animaux, tels que les rongeurs, les herbivores, les marsupiaux, se montrent réfractaires à l'empoisonnement par la belladone [1].

---

1. D'après Giacomini, les chèvres et les lapins peuvent se nourrir impunément de cette plante qui, d'après Flourens, rendrait les oiseaux aveugles. Il est des chiens qui ont pu avaler trente baies sans en être incommodés, tandis que d'autres, soumis à l'action de l'extrait aqueux

Chez l'homme, l'atropine ou la poudre de belladone, appliquées localement agissent comme un irritant, sur les muqueuses ou sur la peau.

A l'intérieur, l'atropine détermine d'abord des phénomènes d'excitation, tels que de l'insomnie, des vertiges, de la migraine, de l'excitation cérébrale accompagnée d'un délire léger ; de l'accélération du pouls et des mouvements respiratoires, de l'élévation de la température ; une diminution ou un arrêt de toutes les sécrétions, sueur, salive, etc. ; en même temps apparaissent des troubles de la vision (dilatation de la pupille, vision double, presbytisme), puis de la difficulté de la déglutition, des coliques légères.

A doses élevées apparaissent les phénomènes de la période de dépression qui fait suite immédiatement à la période d'excitation décrite à l'instant ; avec les convulsions, puis les paralysies, l'aphonie, la cecité, arrive le coma qui termine la scène.

Le Dr de Breyne relate dans les termes suivants un cas d'empoisonnement par la belladone (*Annales de la Société de médecine de Gand*, volume XXXI, page 36) :

« Un officier supérieur, pour combattre les suites d'un mal de gorge, reçoit par ordre de son médecin une forte décoction de belladone pour fumigation. Au lieu d'en aspirer la vapeur, il la boit en guise de thé. Quelques heures après,

---

de belladone, sont morts rapidement. M. Gigault, médecin à Pont-Croix, a prétendu qu'un homme pouvait manger impunément plusieurs baies de belladone, mais cette assertion nous semble être démentie par le grand nombre de faits qui prouvent la puissance délétère de cette plante. Gilibert a vu succomber deux bûcherons et Frédéric Gmelin un berger pour avoir mangé 4 ou 5 fruits. En 1799, le trompette d'une compagnie d'artillerie cantonnée près du lac de Zurich trouva sur le mont Albis un certain nombre de pieds de belladone dont il rapporta es fruits à ses camarades. Tous ceux qui en mangèrent en ressentirent 'es plus terribles effets et ne durent la vie qu'aux soins intelligent que leur prodigua le médecin du régiment. M. Gaultier de Clautry a cité le cas de 150 soldats campés dans les bois de Pirna qui furent victimes d'une semblable méprise. A la guerre on a quelquefois, assure-t-on, employé le suc de cette plante pour empoisonner les boissons. Buchanan rapporte que les Écossais vainquirent l'armée danoise après l'avoir jetée dans un état de délire avec de la bière et du vin où ils avaient mis le suc de la belladone qui croît abondamment en Écosse.

douleurs violentes à la gorge, qui semblait en feu ; mal à
l'estomac et au ventre ; la langue à demi paralysée, les paroles
incohérentes et mal articulées, une faiblesse considérable
dans les jambes, de vains efforts pour uriner, malgré la
plénitude de la vessie, une énorme dilatation des pupilles ;
d'étranges hallucinations et exaltations mentales. Mais
laissons parler le malade lui-même : « En me voyant, dit-il,
« dans mon lit disposé d'une manière nouvelle et placé dans
« le sens de celui d'un de mes amis qui avait la cuisse cassée,
« et près duquel je venais de passer plusieurs jours, je m'ima-
« ginais que j'étais cet ami. Dès lors, je donnais à chacun de
« ceux qui m'entouraient les noms des personnes qui
« soignaient mon ami. A l'une, que j'appelais ma mère, je la
« rassurais sur mon état, lui disant (ainsi que le faisait mon
« ami) que je me sentais le courage de passer six semaines
« dans mon lit. A un autre je donnais divers ordres sur l'in-
« térieur de la maison (de mon ami). Mais lorsqu'on s'avisait
« de remuer mon lit, je me révoltais à l'idée qu'on allait
« déranger l'appareil de ma jambe. Tout ce que je voyais
« me semblait ravissant ; les personnes qui m'approchaient
« étaient toutes belles à mes yeux ; une femme de soixante
« ans, qui m'apportait à boire, m'apparut tout à coup comme
« une femme magnifique ; à la fraîcheur que je remarquais
« sur son visage, elle joignait une tournure parfaite, et sa
« taille svelte était, selon moi, d'une grande beauté, etc...
« Toujours dans le même état d'extase, mes yeux étaient
« frappés de la beauté des couleurs du papier de ma chambre...
« Je vis une foule de petits individus faire leurs évolutions
« par un ingénieux mécanisme... Un autre objet vint attirer
« plus spécialement mon attention : c'était la pendule qui
« était sur la cheminée ; il me sembla qu'elle renfermait la
« mécanique la plus compliquée, et je crus la voir s'ouvrir
« en deux ; puis je remarquais trois ou quatre automates qui
« exécutaient une pantomime dont je devinais tout le sujet,
« tant leurs mouvements étaient naturels et expressifs. Un
« de mes amis entra au moment de cette vision. Je me hâtai
« de lui faire la description de ce que je voyais, et cela en
« termes précis, en expressions correctes, employant les mots
« techniques, joignant à ces détails les calculs sur les forces
« motrices, le nombre **des** dents que chaque roue devait

« avoir, etc., etc. ; enfin, m'assura plus tard mon ami, je lui
« fis l'effet d'un être doué d'une science prodigieuse en méca-
« nique. »

Contre les empoisonnements par la belladone, on a employé,
après les vomitifs et les contrepoisons généraux des alcaloïdes
(café, tannin, iodure de potassium ioduré), l'opium, la
strychnine et surtout le sulfate de quinine. La saignée locale est
quelquefois nécessaire. Les affusions froides sur la tête calment toujours l'agitation et le délire furieux.

La belladone était employée comme exhilarant chez les
Syriens, et Prosper Alpin rapporte que les Egytiens s'en
servaient comme hypnotique [1]. Ces divers usages lui valurent,
ainsi qu'à la mandragore, le nom d'herbe aux sorciers qu'elle
conserva durant le moyen âge. Dès le xvie siècle, la belladone
rentrait dans le domaine scientifique avec les publications de
Lebel, de Horst, etc., et surtout à la suite de celle de Melchior
Frick à qui on doit le premier travail monographique sur
cette solanée vireuse.

En thérapeutique, on l'emploie pour dilater la pupille en
instillations dans l'œil de sulfate d'atropine contre diverses
affections oculaires ; pour agir contre la douleur dans les
névralgies, en frictions, lavements, collyres ; pour modérer
les sécrétions en potions, contre les sueurs profuses des
phtisiques, les écoulements de salive, de sueur, les catar-
rhes bronchiques, etc. ; pour modérer l'excitabilité des fibres
musculaires lisses, en collutoire, pommade, injections,
poudre, extrait aqueux, teinture alcoolique, cigarettes de
famille, contre l'asthme, l'éclampsie, la chorée, l'épilepsie,
l'œsophagisme.

Les feuilles de belladone entrent aussi dans la composition
de baume tranquille [2], de l'onguent populéum, etc.

La *mandragore* (*Atropa mandragora*) est une solanée vivace,
commune dans toute l'Europe tempérée. C'est une petite plante
à feuilles alternes, réunies toutes en rosette au ras du sol,
larges, entières, à nervures pennées ; les fleurs sont rougeâtres

---

1. On appelle médicaments hypnotiques ceux qui provoquent 1
sommeil ; ce sont des narcotiques donnés à petites doses.

2. Ce baume doit son nom qu'il faut écrire *tranquille*, à un cordelier,
le Père Tranquille, qui en imagina la composition.

régulières ; les fruits sont des baies ovoïdes, renfermant de nombreuses graines réniformes. La racine de mandragore renferme les mêmes principes que la belladone, y compris l'atropine. Elle jouit de propriétés semblables à celles de la belladone, mais beaucoup moins énergiques : dès longtemps (Hippocrate, Celse), elle était considérée comme stupéfiante ; le moyen âge la regardait comme narcotique. La forme de la racine, souvent bifurquée à son extrémité et simulant grossièrement l'aspect d'une paire de jambes humaines, lui a valu au moyen âge le nom de *semi-homo* ou d'*anthropomorphon,* mot qui signifie de forme humaine. Les sorciers en faisaient grand usage ; longtemps, à la cour de Charles VII, on soupçonna Jeanne d'Arc d'en conserver une précieusement sous ses habits.

Si l'on écoutait Machiavel, cette plante aurait encore de curieuses propriétés. Dans une de ses comédies, qui du reste porte le titre de *Mandragora,* une héroïne devient mère par l'usage des préparations du végétal. La même plante serait réputée dangereuse dans les Abruzzes ; le paysan qui arrache une mandragore est condamné à mort à bref délai ; aussi attache-t-il l'herbe à arracher à la queue d'un chien. On a expérimenté cette plante dans l'aliénation mentale. Elle est absolument inusitée aujourd'hui, sans doute en raison de la facilité avec laquelle on se procure sa congénère, la belladone.

Le *tabac* (*Nicotiana tabacum*) est une autre solanée vireuse originaire de l'Amérique d'où elle fut importée en Portugal et en Espagne, puis en France (Jean Nicot, 1560). Le tabac est cultivé aujourd'hui à peu près dans toutes les contrées chaudes et tempérées des deux mondes, mais surtout aux Etats-Unis, aux Antilles, en Turquie, en Asie Mineure ; en France, les départements qui en cultivent le plus sont le Lot, le Lot-et-Garonne, l'Ille-et-Vilaine, le Nord, etc. [1]

A côté du tabac, il nous faut citer la *stramoine* (*Datura stramonium*), plante annuelle, cultivée d'abord dans les jardins de l'Europe et que l'on croit originaire de l'Amérique. On la trouve sur le bord des chemins, près des habitations.

---

1. Le tabac sera, dans notre collection, l'objet d'une étude particulièrement étendue, aussi n'insistérons-nous pas ici sur cette plante vénéneuse si intéressante.

dans les champs, les lieux sablonneux, les décombres, etc.
C'est une solanée haute de 40 centimètres à 1^m,20, à tige
glabre, d'un vert clair, grosse comme le doigt à sa base; ses
feuilles alternes, parfois opposées par suite d'entraînement,
ont un pétiole allongé et un limbe d'un vert sombre, ovale-
aigu, à bords découpés en lobes incisés et dentés; les fleurs
sont blanches et légèrement odorantes; les fruits sont des
capsules (pommes-épineuses) ovoïdes, couvertes d'aiguillons
coniques et s'ouvrant à la maturité en quatre valves qui se
réfléchissent en dehors et laissent au centre quatre cloisons
portant les graines; celles-ci sont réniformes, aplaties, noirâtres, légèrement rugueuse et aréolées.

Les feuilles de stramoine renferment un alcaloïde spécial,
la *daturine*, qui, pour Rabuteau, est identique à l'atropine.

Les effets du *datura stramonium* et de la daturine sont
les mêmes que ceux de la belladone et de l'atropine.

Pour donner une idée des symptômes graves que peut
produire ce poison, rapportons l'observation suivante recueillie
par M. Davergie : « Le mari et la femme, dit cet auteur, étant
tous deux enrhumés, ils vont consulter un pharmacien qui
leur donne par erreur 15 grammes de datura stramonium
qui devait servir à faire une infusion. On en mit 4 grammes
à peu près dans une grande théière qui pouvait contenir
un litre d'eau ; la femme boit un verre de tisane après être
entrée au lit ; cinq minutes s'écoulent ; le mari prend un pareil
verre de tisane et va pour se mettre au lit, lorsqu'il trouve
sa femme agitée, exécutant des mouvements insolites, le
regard fixe, étonné, et ne répondant pas à ses questions :
elle ressentait alors, nous a-t-elle dit, un feu qui lui montait
à la tête ainsi qu'une chaleur très vive dans l'estomac. Il se
manifesta alors des nausées et des vomissements. Le mari
quitte sa femme pour aller chercher du secours ; mais il avait
fait à peine quelques pas pour gagner la porte de sa chambre,
qu'il éprouvait déjà une faiblesse très marquée dans les
jambes avec un malaise général ; bientôt les forces lui man-
quent et, pour descendre une vingtaine de marches, il est
obligé de s'asseoir et de se laisser glisser sur l'escalier ; alors
il n'a que le temps d'articuler quelques sons, et il tombe sans
connaissance. Des vomissements réitérés, un état de torpeur
continuelle, de l'agitation, la perte presque absolue des sens,

une tendance très grande au sommeil ; tels furent les sy...n-
tômes qui se manifestèrent pendant huit heures chez le mari,
et pendant treize heures chez la femme, au bout desquelles
ils reprirent connaissance ; mais la dame conserva une irritation gastrique assez intense qui persista pendant un mois.
Que l'on juge des effets d'une forte dose de datura stramonium par ceux résultant d'une infusion si légère. »

Donnée en lavement, la stramoine agit plus rapidement que
lorsqu'elle est prise par la bouche. Appliquée sur la peau
dénudée et même sur l'épiderme, elle produit des effets
toxiques plus ou moins prononcés, selon la susceptibilité des
individus.

Les prétendus sorciers se servaient autrefois du datura
pour produire des hallucinations et faire assister au sabbat
les gens crédules. Les endormeurs mêlaient la poudre de
semence de cette plante dans le tabac, qu'ils offraient aux
gens qu'ils voulaient jeter dans le sommeil pour les dépouil-
ler ; ou bien ils la faisaient prendre en teinture alcoolique
dans du vin, de la bière, du café..., pour commettre des lar-
cins ou des attentats. Garidel raconte qu'on brûla à Aix une
vieille femme qui, au moyen des semences de stramoine, avait
troublé la raison de plusieurs demoiselles de haute distinc-
tion.

On emploie surtout la stramoine en médecine, sous forme
de cigarettes, que l'on prescrit aux asthmatiques et dans les
cas de dyspnée d'origine nerveuse ou cardiaque.

La *jusquiame noire* (*Hyoscyamus niger*) est une solanée herbacée, bisannuelle, très répandue dans les régions tempérées
des deux mondes, et notamment en France, autour des vil-
lages, des fermes, sur le bord des chemins, des fossés. Les
chèvres et les vaches la broutent sans inconvénient ; les
cochons et les brebis l'aiment beaucoup. C'est une herbe
à racine épaisse, à tige cylindrique chargée, comme toutes
les parties de la plante, de poils blanchâtres et mous, d'une
odeur vireuse ; ses feuilles sont alternes, les inférieures rap-
prochées contre le sol en une rosette ; elles sont molles,
à grandes divisions triangulaires inégales, plus ou moins
ondulées ; les fleurs sont grandes, de couleur jaune pâle et
terne, très élégamment veinées de pourpre violacé ; le fruit
est sec, capsulaire, s'ouvrant par un couvercle comme une

boîte à savonnette. Dans chacune des deux loges de ce frui`,
se trouvent des graines abondantes, petites, grisâtres, fine
ment réticulées.

Toutes les parties de cette plante exhalent une odeu
fortement vireuse, repoussante, lorsqu'elles sont fraîche ,
moins prononcée à l'état de dessiccation. Leur saveur et
d'abord fade, puis âcre, désagréable, nauséabonde. Elles
renferment un alcaloïde spécial, l'*hyoscyamine* qui est fort
analogue et peut-être identique à l'atropine. La jusquiame
produit sur l'organisme les mêmes effets que la belladone, mais
elle est moins puissante que cette dernière. Son action diffère
en outre de celle de la belladone par moins d'excitation cérébrale et par une plus grande tendance au sommeil ; elle ne
détermine pas les mêmes mouvements brusques, la même
tendance au rêve, à sauter, à danser. La belladone a peu
d'odeur, si on la compare à la jusquiame dont les émanations
seules empoisonnent. Cette particularité, qui semble donner la supériorité à la jusquiame employée à l'état frais, la
met en infériorité à l'état sec et dans ses préparations. Aussi
s'est-on toujours beaucoup plaint de l'instabilité des préparations de jusquiame, et l'on ne peut guère s'expliquer que
de cette manière leur constante inefficacité en de certaines
mains.

Pougens faillit être victime de la jusquiame. S'étant admi-
nistré un lavement préparé avec une assez forte décoction de
ce végétal, il fut pris d'un engourdissement subit, avec une
tendance irrésistible au sommeil. Malgré l'emploi du vinaigre
et d'un excellent vin, il tomba dans un sommeil léthargique
qui dura huit heures ; encore sa tête ne fut-elle parfaitement
libre que vingt heures après son réveil. Pendant ce dernier
temps, il éprouva un bien-être indéfinissable ; il s'exprimait
avec vivacité ; sa mémoire était meilleure, son imagination
plus vive. Il récitait, il composait des discours et des vers
beaucoup mieux qu'il n'aurait pu le faire dans toute la plénitude de sa raison. La mort est rarement la suite de l'empoisonnement par la jusquiame bouillie ou infusée ; il n'en est
pas de même, lorsque la plante a été mangée crue. Cela
prouve que l'ébullition en diminue les propriétés toxiques et que
les extraits préparés de cette manière sont beaucoup moins
énergiques. Les émanations même de cette plante sont dan-

gereuses. Des hommes qui dormaient dans un grenier où l'on avait mis çà et là des racines de cette plante pour en écarter les rats, se réveillèrent atteints de stupeur et de céphalalgie; l'un d'eux éprouva des vomissements et une hémorrhagie nasale abondante (*Gazette de Santé*, 1773 et 1774). — Un berger que le célèbre Gassendi rencontra un jour lui dit qu'à l'aide d'un onguent il pouvait, quand il le désirait, assister au sabbat des sorciers, où il voyait, disait-il, des choses merveilleuses; Gassendi après avoir fait épier cet homme s'assura que son onguent était composé de jusquiame noire, de graisse et d'huile, et que, appliqué sous forme de suppositoire, il déterminait un assoupissement et une rêverie profondes. — On emploie la jusquiame en thérapeutique comme calmant du système nerveux et de l'appareil musculaire, dans l'hystérie, dans le tétanos, dans l'épilepsie, contre les névralgies, comme hypnotique ou analgésique local; quelquefois on l'utilise aussi pour faire fondre les engorgements scrofuleux ou lymphatiques, à la façon de la ciguë ou de la belladone. A l'extérieur, on emploie cette plante en cataplasmes résolutifs, en pommades, en liniments; elle entre dans la composition du baume tranquille, des pilules de cynoglosse, des pilules de méglin, etc.

La *morelle noire* (*Solanum nigrum*) est une autre solanée annuelle, herbacée, très commune en France dans les terrains incultes, les décombres, etc.; sa tige atteint 50 centimètres environ; ses feuilles sont d'un vert noirâtre, lisses, ovales, dentées; ses fleurs sont blanches; ses fruits sont de petites baies globuleuses, vertes d'abord, puis noires à la maturité. La saveur de cette plante est fade, son odeur fétide.

Un état de stupeur, le coma et une violente douleur épigastrique avec fièvre ont été observés par Alibert chez un enfant de 8 ans qui avait absorbé des fruits de morelle. Un berger, ayant mené paître ses moutons dans un champ rempli de morelle, vit une effrayante mortalité sévir sur son troupeau dont il perdit les deux tiers dans l'espace de quelques jours. Ils offraient divers symptômes nerveux, tels que des vertiges, et après la mort une violente inflammation des voies digestives et de la vessie qui était de plus fortement contractée. D'autres auteurs représentent la morelle comme dépourvue de toute propriété délétère. Toutefois, on en a isolé un principe actif, la *solanine*, qui paralyse les mouvements respiratoires et cardiaques.

La *douce-amère* (*Solanum dulcamara*) est un sous-arbrisseau qui pousse dans toute la France, dans les fossés humides, dans les haies, sur le bord des ruisseaux. Elle est recherchée par les chèvres et les moutons ; son odeur attire les renards : on en met dans les appâts qu'on leur tend.

Cette plante a une tige grêle, sarmenteuse, atteignant environ 1^m,60 de hauteur ; ses feuilles sont ovales, cordiformes, quelquefois divisées en trois segments ; les fleurs ordinairement violettes, parfois blanches, sont disposées vers le sommet des tiges ; les fruits sont des baies arrondies, biloculaires, rouges à la maturité, contenant quelques graines réniformes. Cette plante contient deux principes actifs, la *solanine* et la *dulcamarine*. Les effets de la douce-amère se font remarquer surtout sur le tube digestif, puis sur le système nerveux. A haute dose, elle détermine des nausées, des vomissements, de l'anxiété, des évacuations alvines, une abondante sécrétion d'urine, des sueurs, des crampes, de l'insomnie, des vertiges, des éblouissements. Toutefois ces symptômes sont très variables suivant les individus. Guersent rapporte avoir pris 15 grammes d'extrait de douce amère sans en avoir été incommodé. En outre les baies de cette plante n'ont aucune action vénéneuse sur les animaux et ne sont pas plus dangereuses que les feuilles.

On l'a surtout utilisée en médecine comme dépurative, antispasmodique et antirhumatismale ; on l'a préconisée contre l'asthme, la coqueluche, les accidents cutanés spécifiques et de la scrofule, les affections cardiaques. Elle est fort peu employée de nos jours.

Citons encore dans cette importante famille des solanées : le *duboisia myoporoïdes*, petit arbuste qui croît en Australie et en Nouvelle-Calédonie et dont le principe actif, la *duboisine*, est identique à l'atropine aussi bien au point de vue chimique qu'au point de vue physiologique ; le *strychnos liente*, liane de Java, qui fournit l'*upas liente* des Javanais, un des plus violents poisons que l'on connaisse.

La famille des Scrofulariacées, si voisine de celles des Solanées, contient une plante extrêmement vénéneuse et en même temps très employée comme médicament, la *digitale*

(*Digitalis purpurea*). C'est une belle plante qui habite nos bois et nos collines, dans les terrains secs, incultes et siliceux. Elle croît dans presque toute l'Europe, et se trouve aussi dans les îles occidentales du nord de l'Afrique. Elle est cultivée comme plante d'ornement dans nos jardins. Sa tige est simple, plus ou moins rougeâtre, chargée d'un duvet serré; ses feuilles sont alternes, les inférieures rassemblées en rosette à la base, les supérieures de plus en plus petites, ovales, toutes sessiles, à limbe découpé en crénelures mousses, couvert d'un duvet mou et pâle; les fleurs sont disposées eu grappes, avec des pédicelles penchés; leur corolle présente deux lèvres inégales, la supérieure entière, l'inférieure divisée en trois lobes; elle est de couleur rosée ou blanche. garnie intérieurement vers la ligne médiane de poils et de taches ocellées, d'un pourpre foncé, bordé de blanc; le fruit est une capsule conique, s'ouvrant en deux valves; les graines sont petites, d'un brun pâle, alvéolées.

La digitale, d'une odeur vireuse à l'état frais, d'une saveur amère et désagréable, contient plusieurs alcaloïdes dont le principal est la *digitaline* cristallisée.

A faible dose, la digitale excite la contractilité des fibres musculaires lisses de l'économie; elle diminue notablement le calibre des vaisseaux sanguins, augmente la pression sanguine et la quantité d'urine émise dans les vingt-quatre heures; pour le cœur, en particulier, il y a en même temp· ralentissement des contractions cardiaques et augmentation de l'énergie des battements. En même temps, la température s'abaisse et le système nerveux se trouve apaisé · le sommeil survient.

A hautes doses, des vomissements se produisent; le pouls est irrégulier. A doses toxiques, le système nerveux de la vi · organique est paralysé, celui de la vie animale excité. La pression sanguine diminue en même temps que le calibre des vaisseaux augmente; l'énergie des contractions cardiaques diminue, les battements sont ralentis. Bientôt surviennent le délire, les convulsions, la dilatation de la pupille, l'arrêt du cœur et la mort.

L'absorption de la digitale et de son alcaloïde est assez lente et dure de vingt-quatre à quarante-huit heures. Elle s atrnsforme rapidement dans le tube digestif, et après l'absor ption par la voie stomacale, on ne peut la découvrir ni dans le système circulatoire, ni dans les matières fécales. Il serait donc impossible de la retrouver chez les individus inhumés depuis quelque temps. Après une injection intra-veineuse de digitaline, on ne retrouverait cette dernière qu'à la condition de faire sa recherche un quart d'heure environ après l'injection.

A l'extérieur, en applications sur le derme dénudé ou sur les muqueuses, la digitale exerce une action irritante suivant les uns, nulle suivant les autres.

Dans un cas d'empoisonnement par la digitale, on prescrira le tannin, l'alcool, le café, l'iodure de potassium, la belladone, le quinquina.

On emploie journellement la digitale en thérapeutique comme diurétique dans les hydropisies, la pleurésie, l'ascite, etc.. comme controstimulant dans les fièvres diverses, la pneumonie, le rhumatisme articulaire aigu, la pleurésie ; — pour ralentir les battements du cœur et augmenter leur énergie dans les affections du cœur ; et notamment à la dernière période de ces maladies, ou asystolie, — pour amener la stimulation des fibres musculaires lisses de l'économie, dans certaines hémorrhagies, etc.

La digitaline est d'un maniement très difficile et doit être employée avec une extrême prudence ; l'emploi des injections sous-cutanées de cet alcaloïde est impossible, en raison de l'excessive douleur qu'elles provoquent.

Il nous faut encore mentionner rapidement dans cette famille des scrofulariacées, la *Gratiole* (*Gratiola officinalis*), plante vivace, fréquente aux environs de Paris, qui, à hautes doses, est un irritant qui produit l'empoisonnement ; à doses modérées, c'est un purgatif énergique trop négligé de nos jours.

A la suite des scrofulariaciées, nous citerons, sans trop nous y arrêter, quelques végétaux toxiques, appartenant aux deux familles voisines des ApocYNÉES (laurier rose, strophanthus, geissospermum-lœve, tanguin, gelsimium sempervirens) et des ASCLÉPIADACÉES (dompte-venin, argel).

Le *Laurier-rose* (*Nerium oleander*) est un arbuste qui croît spontanément dans le midi de l'Europe, en France, aux environs d'Hyères, près de Toulon. On le cultive partout ailleurs en caisse, dans les jardins, pour la forme élégante de ses fleurs. Sa tige atteint de 1 à 3 mètres; ses feuilles sont opposées ou ternées, longues, étroites; ses fleurs sont d'un rose vif.

L'écorce et les feuilles ont une odeur désagréable, une saveur âcre et amère. Le laurier-rose, pris en petite quantité, détermine des vomissements; ses émanations seules sont délétères. Libantius rapporte qu'un individu mourut pour avoir laissé la nuit, dans sa chambre à coucher, des fleurs de laurier-rose et qu'une autre personne périt également après avoir mangé d'un rôti pour lequel on s'était servi d'une broche faite avec le bois de cet arbuste.

Morgagni rapporte que le suc des feuilles mêlé à du vin fit périr une femme en neuf heures; elle fut prise de vomissements affreux, suivis de syncope et d'aphonie; son pouls était petit, faible et tendu, ses lèvres noires.

Le *strophanthus hispidus* est un arbuste grimpant à fleurs blanches en dehors, jaunes et tachées de pourpre en dedans; il constitue l'*Iné* ou *poison d'épreuve des Pahouins*. Son extrait et son principe actif, la *strophantine* ont pour propriété de détruire la contractilité musculaire du cœur et des autres muscles, et de passer dans le sang où ils s'accumulent.

Le *Geissospermun læve* est un arbre du Brésil et constitue le *Pao-Pereira* des Brésiliens; son écorce amère ralentit les battements du cœur; à dose élevée, elle est tonique. Son principal actif, la *geissospermine*, est un poison paralysant, qui abolit les propriétés du système nerveux central.

Le *Tanguin* est un des poisons judiciaires de Madagascar. Il est fourni par un bel arbre à suc blanc verdâtre. On emploie surtout comme poison l'embryon, qui détruit l'irritabilité musculaire et arrête bientôt les battements du cœur.

Le *Gelsemium sempervirens* est un arbuste grimpant des Etats-Unis, à feuilles opposées, à fleurs jaune d'or. Sa portion souterraine employée comme sédative, renferme un alcaloïde très vénéneux, la *gelsémine*. Son action a été comparée à celle de la ciguë. On l'a recommandée contre les douleurs névralgiques, les fièvres intermittentes, l'hystérie, l'épilepsie, etc.

Le *Dompte-venin* (*Vincetoxicum officinale*) est une plante commune dans toute l'Europe; ses feuilles sont opposées,

ovales, pointues ; ses fleurs sont blanches, petites. Sa racine
ıxhale une odeur nauséabonde analogue à celle de la valé-
.iane : elle est vomitive et purgative. Les bestiaux la négli-
ɡent, à l'exception des chèvres, qui broutent l'extrémité de
ɛes tiges.

L'*Argel* (*Solenostemma Argel*) est une herbe vivace de
l'Orient dont les feuilles constituent un évacuant énergique,
action due à leur latex.

Signalons encore en passant quelques plantes appartenant
à la famille des Convolvulacées, telles que la scammonée, le
turbith, le jalap et quelques végétaux rangés parmi les
Cucurbitacées, la coloquinte, la bryone.

Le *Jalap* (*Exogonium Jalapa*) est la souche d'une herbe
grimpante du Mexique.

La *Scammonée* (*Convolvulus Scammonia*) est le suc d'une
plante habitant l'Asie mineure, la Syrie, la Grèce, la Crimée.
Obtenue par incision de la racine, la drogue est rarement
pure dans le commerce. On la falsifie avec de la gomme, des
cendres, etc. La scammonée est, comme le jalap, un purgatif
puissant pouvant, à haute dose, causer les mêmes accidents.

Le *Turbith* (*Ipomœa turpethum*) est une plante de l'Inde et
des îles Malaises. Sa racine est un purgatif encore plus éner
gique que le jalap.

La *Coloquinte* (*Citrullus colocynthis*) est une cucurbitacée
ligneuse, vivace, d'origine asiatique, commune dans l'Inde,
l'Arabie, l'Italie, etc. Son fruit ou baie de 4 à 6 centimètres de
diamètre contient un principe jaunâtre, la *colocynthine*, dont
l'action porte surtout sur le gros intestin.

La *Bryone* (*Bryonia dioïca*) est une plante herbacée vivace,
commune en France et répandue dans toute l'Europe, l'Asie
occidentale et le nord de l'Afrique. Les rameaux sont grêles
et grimpants, munis de vrilles ; ses feuilles sont palmées et
divisées en cinq lobes ; son fruit est une baie rouge.

La racine est un émétocathartique[1] énergique, irritant
violemment le tube digestif, et rubéfiant fortement la peau. A
forte dose elle détermine des vomissements, des selles séreuses,
des symptômes cholériformes, algidité, prostration, crampes

---

1. On appelle émétocathartique le médicament qui excite en même
temps les vomissements et les selles.

Il nous reste à signaler un certain nombre de plantes toxiques appartenant à la grande famille des Liliacées ; c'est par elles que nous terminerons cette trop courte étude.

La *Scille* (*Scilla maritima*), qui nous occupera en premier lieu, est une plante vivace qui croît sur les plages sablonneuses de la Méditerranée et de l'Océan ; elle est abondante en Bretagne et en Normandie, et surtout à Quillebeuf. Elle pousse aussi en Syrie, en Espagne, en Sicile. Sa tige est un épais et volumineux bulbe ovoïde, portant outre les écailles des feuilles vertes allongées, lancéolées, glabres, épaisses ; ses fleurs, disposées en une longue grappe dressée, sont nombreuses, blanches ; son fruit est une capsule à trois loges contenant des graines noirâtres, membraneuses, sèches.

Le bulbe de scille exhale, lorsqu'on le coupe par tranches à l'état frais, une vapeur âcre et subtile analogue à celle de l'oignon, qui irrite les yeux et le nez et qui fait venir des ampoules aux doigts, si on le manie trop longtemps.

A haute dose, la scille agit à la façon des poisons narcotico-âcres ; elle produit des nausées, des vomissements, des coliques, l'hématurie, la superpurgation, l'inflammation de l'estomac et des intestins, des convulsions et la mort. C'est un médicament qu'il faut manier avec prudence.

La plante doit ces propriétés à un principe amer, la *scillitine* et à un alcaloïde, la *scillaïne*. Elle est employée comme diurétique et drastique dans l'hydropisie, le rhumatisme, etc.

Le *Colchique* (*colchicum autumnale*), un des poisons préférés de Médée, est une autre liliacée qui croît dans presque toutes les parties méridionales de la France et en Normandie. Son nom lui vient de ce que la plante est très commune dans la Colchide, pays célèbre dans l'antiquité par ses poisons. Les troupeaux n'y touchent pas. C'est une plante bulbeuse à feuilles grandes, ovales, lancéolées, à fleurs d'un lilas tendre.

. Le colchique et son principe actif, la *colchicine*, portent principalement leur action sur le tube digestif. A forte dose, ils déterminent de la gastro-entérite aiguë avec vomissements, symptômes cholériformes ou diarrhée sanglante. Il y a insensibilité, torpeur, accélération des battements cardiaques et diminution de leur intensité.

Le colchique est donc un médicament dangereux réservé comme purgatif violent dans l'hydropisie et surtout dans la goutte aiguë. On doit éviter de le donner aux sujets dont le tube digestif est en mauvais état.

L'*Ellébore blanc* (*Veratrum album*) qu'il ne faut pas confondre avec l'éllébore noir, renonculacée citée à la page 2, est une liliacée répandue dans les régions montagneuses de l'hémisphère nord, depuis la Sibérie, la Russie, l'Allemagne, jusqu'à l'Amérique du Nord.

Le rhizome de cette plante renferme deux alcaloïdes, la *vératrine* et la *jervine*. La poudre de ce rhizome est très toxique, excitant des éternuements violents.

Citons encore dans la même famille la *Parisette* (*Paris quadrifolia*), plante vivace commune dans toutes les forêts européennes. On le trouve à Meudon, à Montmorency, à Bondy, etc. Sa tige atteint environ 15 centimètres, et porte quatre feuilles en croix, d'un vert foncé ; son fruit, qui succède à une fleur solitaire, est une petite baie rouge pourpre. C'est une plante vénéneuse qui produit des nausées, des vomissements, de l'irritation gastrique, des convulsions. Elle empoisonne les gallinacés et les chiens ; son action varie, du reste, suivant les parties de la plante que l'on emploie et selon les doses auxquelles elle est administrée.

Nous en avons terminé avec cette étude abrégée des principales plantes vénéneuses. Si brève qu'elle soit, elle n'en prouve pas moins l'importance qui s'attache à la description de ces végétaux, tant au point de vue des dangers qu'ils présentent qu'au point de vue de leur emploi si étendu en thérapeutique. Notre cadre était trop restreint pour aborder l'histoire des champignons vénéneux dont les méfaits remplissent chaque jour les faits divers de nos journaux.

L'étude si importante de ces derniers végétaux fera l'objet d'une publication spéciale.

Le Gérant : Henri GAUTIER.

www.ingramcontent.com/pod-product-compliance
Ingram Content Group UK Ltd.
Pitfield, Milton Keynes, MK11 3LW, UK
UKHW020054100726
13658UKWH00004B/1756